WELTNATURERBE WATTENMEER

WELTNATURERBE WATTENMEER

Martin Stock
Ute Wilhelmsen

Wachholtz

Gewidmet all denen, die sich unermüdlich
für den Schutz des Wattenmeeres engagieren.

Ohne sie wäre die Welterbeliste um einen Naturschatz ärmer.

ISBN 978-3-529-05321-4
www.wachholtz.de

INHALT

WELTNATURERBE
WATTENMEER

ERBEN, DAS KLINGT GUT. Je größer das Erbe, desto besser für die Erben. Weltnaturerbe Wattenmeer, das ist etwas ganz Großes. Wir alle erben, die gesamte Menschheit. Aber was erben wir eigentlich? Ein ökologisch wertvolles Feuchtgebiet, Kinderstube für Nordseefische, Tankstelle für Zugvögel – das sind die Schlagworte. Wir erben auch Verantwortung für einen weltweit einzigartigen Lebensraum. Doch was wir eigentlich erben, ist die Chance, barfuß auf dem Meeresboden spazieren zu gehen, den weiten Horizont, den Wechsel der Gezeiten, Salz, Wind, Vogelrufe, den Duft der Dünenrose. Natur, die sich ungestört entwickeln darf und uns ein fast vergessenes Gefühl von Weite zurückbringt. Raum für Nichtstun und neue Gedanken, Raum für Neugier und Natur entdecken. Raum, den auch unsere Erben brauchen, damit ihre Seelen nicht verkümmern.

Land in Sicht: Die fleischigen Stämmchen der Quellerpflanzen ragen dort auf, wo Land aus dem Meer wächst.

Land im Meer: Bei Flut verschluckt die Nordsee kilometerbreit Sand- und Schlickwatten.

14 | 15 Grüne Juwelen in unserem Weltnaturerbe sind die kleinen nur zeitweise bewohnten Halligen im nordfriesischen Wattenmeer, zu denen auch Süderoog gehört.

Weite Sände, übersät mit Muschelschill, laden zum Entdecken, Erkunden oder einfach nur zum Träumen ein.

Am Himmel nichts als Weite – im Watt können wir die Welt vergessen und uns selbst begegnen.

Wind und Weite erlebt man im Wattenmeer wie an kaum einem anderen Ort auf der Welt.

Der Weg zum Weltnaturerbe

„Ein Welterbe ist ein einzigartiges, unersetzliches Gut von außergewöhnlichem, universellem Wert, das als Eigentum der gesamten Menschheit betrachtet werden kann. Als Weltbürger sind wir gemeinsam für den Erhalt unseres kulturellen und natürlichen Erbes verantwortlich – in unserem eigenen Interesse und im Interesse kommender Generationen."

Die Organisation der Vereinten Nationen für Bildung, Wissenschaft, Kultur und Kommunikation, UNESCO, hat die Messlatte hoch gehängt. Nur Objekte, Orte oder Gebiete von weltweit einzigartigem natur- oder kulturhistorischem Wert werden mit dem Prädikat Welterbe ausgezeichnet. Der Grand Canyon, die Galapagos-Inseln, das Great Barrier Reef gehören dazu. Und seit Juni 2009 auch das Wattenmeer. Ein Lebensraum, der seine Schönheit manchmal erst auf den zweiten Blick offenbart. Ein Lebensraum, der auch den Gutachtern der UNESCO seinen Rhythmus aufprägt – bei Flut schwappen die Nordseewellen respektlos über das weltweit größte zusammenhängende System aus Sand- und Schlickwatten. Wer es erleben will, muss auf die Ebbe warten und die Schuhe ausziehen. Auch das gehört zur ungestörten natürlichen Dynamik.

Ohne Zweifel ist das Wattenmeer weltweit einzigartig, durch Nationalparke großflächig geschützt, außergewöhnlich reich an Tieren und Pflanzen und international bedeutsam, etwa als „Tankstelle" für Zugvögel der Ostatlantikroute. Doch nützt es heutzutage nicht viel, weltweit einzigartig zu sein, wenn keine starke Stimme diesen Anspruch auch erhebt. Theodor Storm hat „des gärenden Schlammes geheimnisvollen Ton" als typische Lautäußerung des Wattenmeeres beschrieben. Verursacher sind unter anderem kleine Schlickkrebse, die eine Art „Knistern" erzeugen, wenn sie ihre Fühler spreizen. Da Wattknistern jedoch kein Bestandteil moderner Kommunikation ist, braucht das Wattenmeer Fürsprecher. Menschen, die stellvertretend ihre Stimme erheben und den Worten auch Taten folgen lassen. Viele Stimmen und viele Taten gingen der Auszeichnung des Wattenmeeres als Weltnaturerbe voran. Ohne das Engagement vieler hätte die Menschheit ein Erbe weniger.

Träume entspringen wachen Gedanken.

Wu Cheng-En, chinesischer Schriftsteller

NOBELPREIS FÜR NATUR

Ein Naturgebiet für den Eintrag in die prestigeträchtige Welterbeliste der UNESCO zu nominieren, ist eine große Herausforderung für jedes Land und bedeutet viel Arbeit, viele Gespräche und viel Abstimmungsbedarf. Noch größer wird die Herausforderung, wenn die Nominierung Gebiete umfasst, die zu unterschiedlichen Ländern mit unterschiedlichen Gesetzgebungen und Institutionen gehören. Und ganz hoch wird die Hürde, wenn das Naturgebiet der Wahl nicht etwa eine Wildnis weit entfernt von jeder Zivilisation ist, sondern mitten in einer dicht bevölkerten Region in Europa liegt.

All dies trifft für das Wattenmeer zu. Und daher verwundert es nicht, dass viele es für einen Traum hielten, den Welterbestatus zu gewinnen – den „Nobelpreis für Natur", wie es die Weltnaturschutzorganisation IUCN formuliert. Aber manchmal werden Träume wahr. Und ihre Verwirklichung zeigt uns neue Wege. Wege, wie wir die Nominierung von weiteren großflächigen Naturgebieten grenzüberschreitend voranbringen können. Das Beispiel Wattenmeer zeigt, wie wir über Ländergrenzen hinweg und mit einer Vielzahl von politischen, sozialen und institutionellen Gegebenheiten zusammen arbeiten können. Es zeigt, wie wir Forschungsergebnisse optimal dazu nutzen können, eine fundierte Begründung für die Welterbeliste zu schaffen. Und nicht zuletzt, wie es gelingt, eine breite Zustimmung für die Nominierung zu erzeugen – bei den Menschen und Gemeinden in der Region ebenso wie bei den Verantwortlichen auf verschiedenen Ebenen. Die erfolgreiche Nominierung als Weltnaturerbe ist die größte Anerkennung für all diese Anstrengungen. Beide, das Wattenmeer und die Menschen in der Region, haben sich den „Nobelpreis für Natur" redlich verdient.

Pedro Rosabal, Weltnaturschutzorganisation IUCN,
Gutachter für die Nominierung des Wattenmeeres

**Es gibt keine Seele, die nicht ihr Wattenmeer hätte,
in dem zu Zeiten der Ebbe jedermann spazieren gehen kann.**

Christian Morgenstern, Schriftsteller und Dramaturg

MAGIE

Das Wattenmeer ist ein magischer Ort. Als Kind bin ich oft mit meinen Eltern über den Damm nach Rømø durch das Wattenmeer gefahren, um an den herrlich breiten Stränden der Insel zu baden. Ich erinnere mich noch immer wie faszinierend ich die Reise ins Wattenmeer fand – eine so andersartige Landschaft, weder Land noch Meer, schön und fremd zugleich.

Als ich vor fast 40 Jahren der Liebe wegen in den Norden der Niederlande zog, wurde mir zum ersten Mal die ganze geographische Größe und ökologische Bedeutung des Wattenmeeres bewusst. Ich spürte den Zauber dieser Landschaft, wenn ich über die Watten wanderte, auf denen wenige Stunden zuvor noch meterhoch das Wasser stand, die atemberaubende Stille und Weite.

Im gleichen Zeitraum beschlossen kluge Wissenschaftler, engagierte Naturschützer und visionäre Politiker, das Wattenmeer als große Einheit zu schützen.

Es sind zugleich die Einzigartigkeit und Magie des Wattenmeeres und die Kreativität von Menschen, die mit der Nominierung als Weltnaturerbe ausgezeichnet werden. Mit dieser Auszeichnung hat das Wattenmeer endlich den Platz bekommen, der ihm gebührt – auf der exklusivsten Liste von Naturgebieten, die unsere Erde zu bieten hat. Ein größerer Erfolg für das Wattenmeer und die Menschen, die dort leben, ist kaum vorstellbar.

Nun geht es darum, das Wattenmeer im Namen der Weltgemeinschaft zu bewahren und neuen Herausforderungen zu begegnen. Die Welt schaut uns dabei über die Schulter. Viel Freude und Anerkennung erwarten uns, wenn Menschen aus allen Teilen der Welt das Wattenmeer besuchen und seine Magie entdecken. Es ist uns Privileg und Verpflichtung zugleich, unser Weltnaturerbe mit ihnen zu teilen.

Jens Enemark, Leiter des gemeinsamen Wattenmeersekretariats von Dänemark, Deutschland und den Niederlanden, Ideengeber und Projektleiter für das Nominierungsverfahren

Wohl ist alles in der Natur Wechsel,
aber hinter dem Wechselnden ruht ein Ewiges.

Johann Wolfgang von Goethe

WILDNIS WAGEN

Im Wattenmeer können wir die Natur ganz direkt erleben. Wie sich die Landschaft ständig wandelt, Watten, Priele, Sände und Dünen wandern, ihre Form verändern, neu entstehen und wieder vergehen, kann jeder hautnah spüren - wenn bei Sturm die Sandkörner auf der Haut prickeln oder bei Flut das Wasser die Füße hinaufsteigt. Im Kleinen können wir diesen Wandel innerhalb von Stunden und Minuten beobachten, im Großen immerhin noch innerhalb der eigenen Lebenszeit. Das ist einzigartig auf der Welt. Weil sich die Natur weitgehend unbeeinflusst entwickeln darf, ist Wildnis im Wattenmeer noch spürbar - ein seltenes Erlebnis in Mitteleuropa und ein Grund für den außergewöhnlichen und universellen Wert dieser Landschaft.

Die UNESCO hat das Wattenmeer unter drei Kriterien als Weltnaturerbe anerkannt: als geologisch herausragendes Gebiet, in dem Landschaftsentwicklung deutlich wird, als ein Gebiet, in dem Naturprozesse ungestört ablaufen können und als Gebiet von herausragender Bedeutung für den Erhalt der Artenvielfalt.

Vor diesem Erfolg lag ein langer Weg, auf dem wir vor allem die Menschen in der Region für den Welterbegedanken gewonnen haben. Weit über jede Grenze von Partei- oder Einzelinteressen hinaus steht heute eine große demokratisch legitimierte Mehrheit hinter dieser Nominierung. Und damit hinter dem Schutz für diese einzigartige Naturlandschaft.

Die Auszeichnung des Wattenmeeres als Weltnaturerbe hat ein herausragendes Echo erzeugt, in dem überall Stolz und Freude über die Anerkennung mitschwingt. So viele Mütter und Väter hatte das Weltnaturerbe noch nie. Jeder fühlt sich beteiligt, dass es geklappt hat. Das ist eine sehr schöne Grundlage, um das Weltnaturerbe Wattenmeer in die Zukunft zu tragen.

Vera Knoke, Ministerium für Landwirtschaft, Umwelt und ländliche Räume in Schleswig-Holstein, Nationalparkreferentin und Mitarbeiterin der Welterbenominierung

Unser Kopf ist rund, damit das Denken die Richtung wechseln kann.

Francis Picabia, Künstler

DENKANSTÖSSE

Das Wattenmeer ist eine Küstenlandschaft von einzigartiger Schönheit. Dazu gehören die weitläufigen Watten, wo die Grenzen zwischen Land, Wasser und Himmel verschwimmen, wo unter den Füßen der Wattwurm seine Sandkringel häuft und geschäftige Vögel auf Vorrat fressen. Dazu gehört die Perlenkette der Düneninseln, an der sich die stürmische See bricht, Wind den Sand fliegen lässt und die Brandung zum Baden lockt. Dazu gehören das Blütenmeer und der Duft der Salzwiesen, die windflüchtigen Bäume in den Dörfern, geduckte Friesenhäuser, Kinderheime, aus denen in Scharen junge Menschen zum Meer rennen und dann erstmals im Leben über Ebbe und Flut erstaunen.
Über Jahrzehnte hat die Wattforschung vor Gefahren gewarnt, die durch maßlose Landgewinnung, Schadstoffe und Überfischung drohen. Beim Verfassen des Textes für den Antrag auf Ernennung zum Weltnaturerbe musste dieses Denken umgedreht werden: Was zeichnet dieses Gebiet trotz Gefahren vor allen anderen Küsten aus? Worin ist das Wattenmeer trotz alledem am besten geblieben?

Die Nominierung zum Weltnaturerbe ist eine Auszeichnung für den schonenden Umgang mit der Küstennatur, für den erfolgreichen Naturschutz trotz aller Widerstände, für die umfassende Erforschung der Naturvorgänge, die seinesgleichen an keiner anderen Küste findet. Die Anerkennung zum Weltnaturerbe ist nicht nur eine objektive Einschätzung der Naturwerte, sondern belohnt wird auch die Leistung der Menschen um den Erhalt dieser Natur. Der Schutz des Wattenmeeres ist dadurch international verankert und kaum noch umkehrbar. Das ist ein großartiger Erfolg, der schon bald durch Besucher aus aller Welt die Bevölkerung mit Stolz erfüllen wird.

Karsten Reise, Alfred-Wegener-Institut für Polar- und Meeresforschung, Wattenmeerstation Sylt, Wattforscher und Vordenker

Prädikat wertvoll

In Schlick und Sand stecken einzigartige Werte für die gesamte Menschheit. Die Karriere einer Landschaft, die sich erst auf den zweiten Blick offenbart.

Die Vorgeschichte ist lang: Seit über 25 Jahren arbeiten Deutschland, Dänemark und die Niederlande zusammen, um das Wattenmeer zu schützen. Einen Saum zwischen Land und Meer, geprägt von Ebbe und Flut, geschützt von einer Barriere aus Inseln, hinter denen sich die weltweit größten zusammenhängenden Flächen von Schlick- und Sandwatt erstrecken, gefolgt von Salzwiesen, Stränden und Dünen. Den Erfolg kann jeder selbst erwandern und genießen: Weite Teile des Wattenmeeres sind heute als Schutzgebiete verschiedener Kategorien ausgewiesen, die zum Natur erleben einladen. In Deutschland sind dies vor allem die Wattenmeer-Nationalparke.

Den Höhepunkt der gemeinsamen internationalen Schutzbemühungen verkündete die UNESCO Ende Juni 2009: die Auszeichnung des Wattenmeeres als Weltnaturerbe. Das Gebiet, das nunmehr auf der Liste der weltweit wertvollsten und unverzichtbaren Naturlandschaften steht, umfasst die beiden Wattenmeer-Nationalparke in Schleswig-Holstein und Niedersachsen sowie das geschützte Wattenmeer in den Niederlanden; zusammen eine Fläche von fast 10 000 Quadratkilometern.

In Deutschland ist das Wattenmeer das erste großräumige Naturgebiet mit dem Prädikat Welterbe. Nur die Fossiliengrube Messel bei Darmstadt ist noch als Weltnaturerbe von der UNESCO anerkannt, weltweit sind es 176 einzigartige Naturlandschaften. Als kulturelles Welterbe sind 689 Objekte oder Orte geschützt, hinzu kommen 25 Welterbestätten von sowohl natur- als auch kulturhistorischem Wert.

DAS ERBE DER MENSCHHEIT

Das Internationale Übereinkommen zum Schutz des Kultur- und Naturerbes der Welt, kurz: Welterbekonvention, ist das größte und wichtigste Übereinkommen der Völker zum Schutz des gemeinsamen kulturellen und natürlichen Erbes der Menschheit. Es wurde 1972 verabschiedet und bislang von mehr als 180 Ländern unterzeichnet. Die Vertragsstaaten der Welterbekonvention, zu denen auch Deutschland und die Niederlande gehören, verpflichten sich, in ihrem Hoheitsgebiet befindliche und in Frage kommende Welterbestätten zu erfassen und für künftige Generationen zu bewahren sowie bei der Erhaltung des Welterbes zusammenzuarbeiten.

Eine Welterbestätte besitzt weltweit einzigartigen natur- oder kulturhistorischen Wert. Doch was macht das Wattenmeer so einzigartig? Das ist für den, der auf einem Deich steht und die Nordseewellen plätschern sieht, nicht unbedingt ersichtlich. Auch wenn sich das Wasser bei Ebbe zurückzieht, wird es nicht viel besser: Schlick und Sand, garniert mit den typischen Kringelhäufchen

Das Wattenmeer ist ein wahrhaft magischer Ort – ein Ort, an dem Menschen Natur so erfahren können, dass es ihr Leben verändert.

der Wattwürmer – nicht zu vergleichen mit dem grandiosen Blick in den Grand Canyon oder dem berauschenden Farben- und Formenreichtum der Korallenriffe des Great Barrier Reef.

Und dennoch, wer sich Zeit nimmt, ins Watt hineinwandert, die Seehunde oder die Schwärme der Zugvögel beobachtet, der spürt ihn, den Zauber einer einmaligen Küstenlandschaft, in der man die Uhr nur braucht, um rechtzeitig vor der Flut wieder an Land zu kommen. Was das Wattenmeer so einzigartig macht, kann jeder am besten selbst entdecken, fühlen, sehen und riechen. Für die UNESCO waren drei Kriterien ausschlaggebend, die das Wattenmeer als Weltnaturerbe auszeichnen:

„JUNG UND URSPRÜNGLICH"

Das Wattenmeer ist eine sehr junge Landschaft mit Salzwiesen und Dünen, Wattflächen und Sänden, die durch Wind und Gezeiten ständig neu geformt wird. Trotz seines geringen Alters erzählt das Wattenmeer viel von der Erdgeschichte. Seine Entwicklung begann in der letzten Eiszeit und geht ständig weiter. Bis heute und manchmal innerhalb weniger Tage kann man im Wattenmeer selbst erleben, wie die natürliche Dynamik die Landschaft immer wieder neu gestaltet.

„WO NATURKRÄFTE WALTEN"

Das Wattenmeer zeigt auf einmalige Weise, wie sich Pflanzen und Tiere an die ständig wechselnde Landschaft anpassen. Zwischen Ebbe und Flut, an der Schnittstelle von Land und Meer, wo Süßwasser und Salzwasser aufeinander treffen, leben viele ökologische Spezialisten. Geformt von den Kräften der Natur, von Wind, Sand und Gezeiten, haben sich ganz besondere Lebensgemeinschaften gebildet. Naturvorgänge können sich hier noch weitgehend unbeeinflusst vom Menschen entfalten.

„VIELFALT DES LEBENS"

Das Wattenmeer bietet viele verschiedene Lebensräume und damit ein Zuhause für zahlreiche Tier- und Pflanzenarten, die andernorts selten sind. Rund 10 000 Arten von einzelligen Organismen, Pilzen, Pflanzen und Tieren wie Würmer und Muscheln, Fische, Vögel und Säugetiere leben hier. Jedes Jahr legen rund 10 bis 12 Millionen Vögel auf ihrer Durchreise von den Brutgebieten in Sibirien, Skandinavien oder Kanada zu ihren Überwinterungsgebieten in Westeuropa und Afrika oder zurück eine kürzere oder längere Rast im Wattenmeer ein. Nur hier finden sie genug Nahrung, um die Tausende von Kilometern lange Reise machen zu können.

Das strömende Wasser bahnt sich seinen Weg auf den Watten, fließt zu Prielen zusammen, die sich über den Boden schlängeln. Schnurgerade ist hier nichts.

Auch die markanten Rippelmuster hat die Wasserströmung in den Sand modelliert. Dass die Natur im Wattenmeer unbeeinflusst ihre eigenen Formen finden kann, gehört zu den Schätzen im Weltnaturerbe.

Kegelrobben brauchen ungestörte Sandbänke, um Sonne und Kraft zu tanken. Für uns sind die Meeressäuger ein besonderes Sinnbild für die schützenswerte Tierwelt im Wattenmeer.

Ihnen widmet das Weltnaturerbe besondere Aufmerksamkeit: Den Austernfischern, Silbermöwen und vielen anderen Vogelarten, denen das Wattenmeer Heimat oder überlebenswichtige Raststätte ist.

Markante Kliffkanten und eiszeitliche Gesteine erzählen die geologische Geschichte des Wattenmeeres. Schicht für Schicht lassen sich die Ablagerungen wie die Seiten eines Buches lesen.

Momente wie diese lassen aus dem Wattenmeer ein Weltnaturerbe werden. Wir erleben die Magie einer Landschaft und ihren unvergänglichen Wert.

Pricken weisen den Weg durch das Wattenmeer nach Trischen, einer Insel, die ganz den Vögeln gehört. Nur die Vogelwärterhütte ragt aus der Gezeitenwelt.

Werte bewahren

Zuerst die gute Nachricht: Die bleibenden Werte sind von Natur aus da – sie müssen nicht erst geschaffen werden. Die schlechte: Damit das so bleibt, muss man möglichst nichts tun – und das fällt manchmal schwer.

Der Natur ihren Lauf lassen, das ist das wichtigste Schutzziel für das Wattenmeer. Das dynamische Mosaik aus Salzwiesen, Watten, Prielen und Gezeitenrinnen, Sandbänken, Stränden und Dünen entwickelt sich am besten von selbst – ohne die ordnende Hand. Doch auch die Menschen leben und wirtschaften schon seit jeher an der Küste und wollen dies auch weiterhin tun. Damit sich der Schutzgedanke und eine nachhaltige Nutzung nicht ausschließen, ist das Wattenmeer in verschiedene Zonen unterteilt. Am strengsten geschützt sind etwa Ruhezonen für Seehunde und Kegelrobben oder Rast- und Brutplätze für Küstenvögel. Außerhalb dieser besonders störungsempfindlichen Gebiete sind „Naturlauber" herzlich willkommen und Nutzungen zugelassen, die den ökologischen und landschaftlichen Wert nicht beeinträchtigen.

Die Menschen nicht ausschließen, sondern einladen in einer Weise an der Natur teilzuhaben, dass auch künftige Generationen in den gleichen Genuss kommen – ein Kerngedanke des Welterbes.

GUT GESCHÜTZT

Mit der Auszeichnung als Weltnaturerbe sind keine neuen Schutzvorschriften verbunden. Stattdessen müssen die betreffenden Regierungen bereits bei der Anmeldung eines Gebietes nachweisen, dass die bestehenden Regelungen und Vorkehrungen zur Wahrung seiner einzigartigen Merkmale ausreichend sind. Im Wattenmeer sichern dies verschiedene nationale und internationale Schutzabkommen, zu denen neben den deutschen Nationalparken beispielsweise die Vogelschutzrichtlinie und die Flora-Fauna-Habitat-Richtlinie der Europäischen Union gehören, ebenso das Ramsar-Übereinkommen, welches das Wattenmeer als Feuchtgebiet von internationaler Bedeutung einstuft.

Besondere Qualität hat die Zusammenarbeit der drei Länder, vor deren Küsten sich das Wattenmeer erstreckt. Dänemark, Deutschland und die Niederlande treffen sich regelmäßig, alle drei bis vier Jahre sogar auf Ministerebene, um den Schutz des Wattenmeeres voranzubringen, ein gemeinsames Wattenmeersekretariat unterstützt sie dabei.

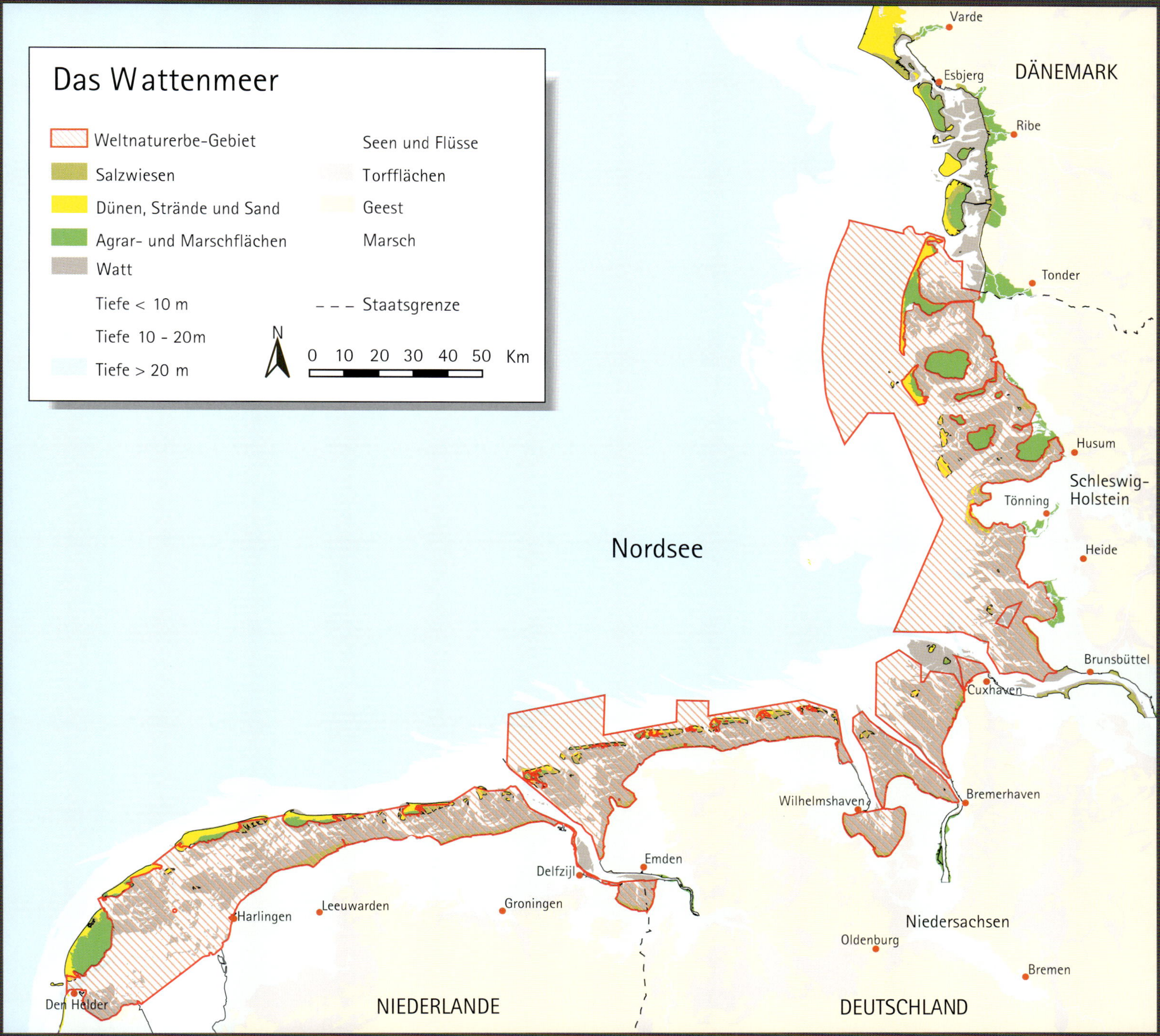

Der Mensch hat dem Meer immer mehr Gebiete abgerungen und trockengelegt. Doch vor den Deichen erstreckt sich nach wie vor die größte zusammenhängende Gezeitenlandschaft der Welt. An die Marschen auf dem Festland schließen sich ausgedehnte Wattflächen und eine langen Kette von Inseln an, die vom niederländischen Texel bis zur dänischen Insel Fanø reicht. Das Weltnaturerbe umfasst mit einer Fläche fast 10 000 Quadratkilometern entlang einer Küstenlinie von rund 400 Kilometern den weitaus größten Teil des Wattenmeeres. Neben dem niederländischen Schutzgebiet sind dies die deutschen Wattenmeer-Nationalparke in Niedersachsen und Schleswig-Holstein. Manche Inseln oder Teile von Inseln sind ausgeklammert.

Leuchtfeuer sind die Wahrzeichen der Menschen, die seit Jahrhunderten untrennbar mit der Küstenlandschaft verbunden sind. Besonders markant ist der Leuchtturm von Westerhever.

48 | 49 Wenn der Wind über den Strand fegt, spüren wir sie hautnah: die Kräfte der Natur, die sich im Wattenmeer frei entfalten dürfen. Der Sand prickelt auf unseren Wangen und wirbelt die ganze Landschaft durcheinander. Strände werden glatt gefegt, andernorts Sandhügel wieder aufgehäuft.

Wenn die Natur Regie führt, formen sich aus Sand ganze Inseln, Strände und Dünen.

Wind und Wetter prägen der Küstenlandschaft ihren Stempel auf.

Nicht nur auf der Hamburger Hallig ducken sich die Friesenhäuser, um dem Sturm weniger Angriffsfläche zu bieten. Wer so ein Dach über dem Kopf hat, braucht Wind und Wetter nicht zu fürchten.

56 | 57 Auf dem Süderoogsand hat der Wind ein grandioses Netzwerk aus kurzlebigen Dünen aufgeweht, deren Form an Sicheln erinnert. Solche Formationen entstehen und vergehen in der dynamischen Küstenlandschaft.

Flaches Land und endloser Himmel – wer die Weite des Nordens erlebt, vergisst die Enge des Alltags.

BEWEGTE LANDSCHAFT

FÜR EINEN GEOLOGEN, DER MIT JAHRMILLIONEN GENAUSO JONGLIERT WIE ANDERE MIT DEN STUNDEN IHRES TAGESABLAUFS, IST DAS WATTENMEER EIN JUNGES DING, GERADE MAL EIN PAAR TAUSEND JAHRE ALT. Kein Wunder also, dass die Landschaft nicht stillstehen kann, manchmal stürmisch und einfach unberechenbar ist. Im Mittelalter schlugen Jahrhundertfluten gewaltige Kerben in die Küste, versenkten Ackerland, Dörfer und Städte. Bei Ebbe gibt das Wasser auch heute noch Spuren der einstigen Siedler frei. Reste von Brunnenanlagen, Pflugspuren und Gräben erzählen die bewegte Geschichte einer versunkenen Landschaft. Doch vor allem der tägliche Wechsel von Ebbe und Flut prägt das Gesicht unserer Küsten und formt sie immer wieder neu.

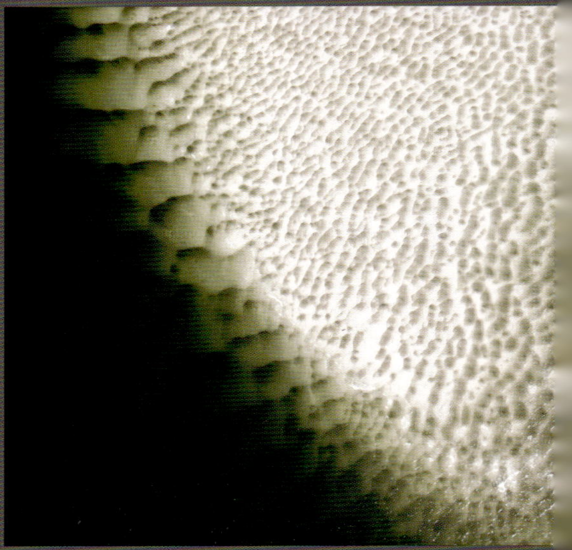

Formensprache einer bewegten Landschaft: Wind und Wellen zeichnen immer neue Muster auf den Meeresboden, die bei Ebbe sichtbar werden.

Gerade Linien baut nur der Mensch in die Naturlandschaft des Wattenmeeres.

Angesichts der Urkraft eines Gewitters wirkt das Werk des Menschen klein und geradezu zerbrechlich. Dennoch trotzen die Pfahlbauten am Strand den Naturgewalten.

68 | 69 Durch die mäandrierenden Priele am Wattboden strömt das Wasser im Rhythmus der Gezeiten. In einem flachen Wattpriel kann jeder selbst erleben, wie die Flut den Knöchel hochsteigt oder die Ebbe den Meeresboden trocknet.

Sturm und Drang

Die Geschichte des Wattenmeeres ist alles, aber nie langweilig. Es ist jung, wild und widersetzt sich jedem allzu starren Regelwerk.

Geologisch gesehen ist das Wattenmeer mit seinen 8000 Jahren ein echter Jungspund. Die Nordsee hingegen hat schon 240 Millionen Jahre auf dem Buckel. Die Geburtsstunde des Wattenmeeres begann nach der letzten Eiszeit, als das Schmelzwasser den Meeresspiegel allmählich ansteigen ließ. Strömungen transportierten Sand an die Küste, der zu Strandwällen aufwuchs. Dahinter entstanden Lagunen mit weitläufigen Mooren. Menschen lebten schon seit den Anfängen in dieser amphibischen Landschaft zwischen Land und Meer. Sie türmten Wohnhügel auf und hoben Gräben aus, um die Sümpfe trockenzulegen. Es hätte ein beschauliches Dasein sein können, wären da nicht die gewaltigen Stürme und Fluten gewesen, die seit dem Mittelalter dokumentiert sind.

STÜRMISCHE ZEITEN

17. Februar 1164: Eine schwere Orkanflut brandete gegen die Nordseeküste, verwüstete ganze Landstriche und schlug eine gewaltige Kerbe in die ostfriesische Küste, den späteren Jadebusen. 20 000 Tote forderte die „Julianenflut", die erste verheerende Sturmflut nach Beginn des Deichbaus. Weitere Jahrhundertfluten folgten, Ländereien, Dörfer und Städte wie das sagenumwobene Rungholt versanken unwiederbringlich in den reißenden Wassermassen. Dem Jadebusen gaben mehrere zerstörerische Orkanfluten seine markante Form. Sie räumten die weichen Tone und Torfe der küstennahen Hochmoore aus und drangen tief ins Hinterland ein.

Heute zeugt ein kleiner Rest der damals an der ganzen Küste verbreiteten Hochmoore davon, wie das Land den Angriffen des Meeres zu widerstehen versuchte: das Sehestedter Außendeichsmoor am Ostufer des Jadebusens. Der oben liegende Hochmoortorf schwimmt bei hohen Wasserständen auf der einströmenden Flut, statt von der Wucht der Wogen zerstört und weggespült zu werden. Nach dem Motto „Flexibilität statt überflüssige Starrheit" hat sich das Moor von Sehestedt bis heute behauptet. Allerdings zerren die enormen Kräfte der Fluten manchmal so sehr an dem schwimmenden Außendeichsmoor, dass es auch an der Oberfläche reißt und einzelne Moorstücke, sogar mit Bäumen darauf, abbrechen.

DER TIDENHUB ALS BAUMEISTER

Doch nicht nur die sturmgepeitschten Jahrhundertfluten, sondern auch das ständig strömende Wasser, der ganz alltägliche Wechsel von Ebbe und Flut, prägen die Form der

Im Anfang dieses Jahres, im Januar, am Marcellustage, wütete eine Sturmflut derart, wie man es später kaum glauben wird und wie man es früher nie gehört hat. Kirchen, Türme, Häuser und Deiche wurden umgerissen und eine unendliche Menge Volks ertrank.

Heda, Chronicon Nordanum, über die zweite Marcellusflut, am 16. Januar 1362.

Dies ist die folgenschwerste Flut an der deutschen Nordseeküste. Der Dollart bricht ein, die Zuidersee und die Leybucht werden in das Land gerissen. Der Jadebusen klafft in riesiger Ausdehnung mit einzelnen Wasserarmen bis zur Weser. In Nordfriesland versinkt Rungholt, der sagenumwobene Hauptort Nordfrieslands im Mittelalter. Berichte über 100 000 bis 200 000 Tote.

Nordseeküste. Die gestaltende Kraft dabei ist der Tidenhub, der Höhenunterschied zwischen Hoch- und Niedrigwasser. Wo er fehlt oder nur gering ist, haben sich geradlinige Dünenküsten gebildet wie an Teilen der dänischen und der niederländischen Küste. Wo jedoch der Tidenhub anderthalb Meter übersteigt, werden die Gezeitenströme so stark, dass sich kein geschlossener Küstensaum mehr ausbilden kann. Stattdessen entstand das Wattenmeer mit einer Barriere aus vorgelagerten Inseln. Zwischen den Inseln verlaufen tiefe Rinnen, so genannte Seegats, durch welche die Gezeiten ein- und ausströmen können.

Die Größe der Inseln nimmt in Richtung auf die innere deutsche Bucht hin ab. Wo der mittlere Tidenhub die Grenzmarke von zwei Meter neunzig überschreitet, fehlt die Inselbarriere. Stattdessen liegen im Bereich der Weser- und Elbemündung offene Wattflächen mit kleinen und durch die starken Gezeitenströme beweglichen Inseln und Sandbänken.

Bei einem kräftigen Sturm aus Nordwest kann man die Wucht der Wogen am eigenen Leib erfahren. Baden ist dann lebensgefährlich, aber aus sicherer Entfernung bieten die Brecher eine Kostprobe ihrer zerstörerischen Kraft und ein einmaliges Naturschauspiel zugleich.

Ein jäher Bruch an der Kante von Salzwiesen zeugt von der Kraft der Nordsee-fluten.

Still ruht die See vor dem Sehestedter Außendeichsmoor, doch bei Sturm fängt die ganze Landschaft an zu schwimmen.

Wandernde Inseln

Wandern ist ein beliebter Volkssport an der Küste. Wir wandern im Watt, spazieren am Strand und durchqueren die Dünen. Doch nicht nur wir. Sandkorn für Sandkorn wandern ganze Inseln durch die Nordsee.

Die sieben ostfriesischen Inseln von Borkum bis Wangerooge sind aus Sand aufgebaut. Er wurde von den Gezeitenströmungen herangeschafft und zunächst zu Sandbänken aufgehäuft. Nachdem diese über das Niveau des Meeresspiegels hinausgewachsen waren, konnte der Sand zu Dünen aufgeweht werden und zu Inseln heranwachsen. Erdgeschichtlich sind die heutigen Inseln sehr jung. Sie haben sich seit etwa 1200 v. Chr. von zeitweilig überfluteten Sandplaten zu Dünen tragenden Inseln entwickelt und sind erst seit 1398 unter voller Namensnennung dokumentiert.

Ständig verändern die Inseln im Wattenmeer ihre Form und Lage, denn die Gezeitenströme, verstärkt durch den Wind, tragen stetig Sand ab und lagern ihn woanders wieder an. So wandern die Inseln Baltrum, Spiekeroog, Wangerooge ostwärts mit dem Flutstrom, der gegenüber dem nach Westen gerichteten Ebbstrom überwiegt. Auch der Wind kommt häufig aus Westen und verstärkt die ostwärts gerichteten Strömungen. Diese tragen die Sandmassen am westlichen Ende der Inseln ab und lagern sie am Ostende an. Die Insel Wangerooge beispielsweise verschob sich in nicht einmal drei Jahrhunderten um ihre ganze Länge nach Osten. Gestört werden die Inselwanderungen durch die tiefen Fahrrinnen von Ems, Jade, Weser und Elbe sowie durch die Seegats zwischen den Inseln. Schießen dort die Gezeitenströme hindurch, wird Sand in Richtung Küste gespült. Zudem sind die Inseln heute an ihren Westseiten mit Ufermauern, Deckwerken und Buhnen befestigt und somit quasi sesshaft geworden.

Im Laufe der Jahrhunderte hat sich außerdem die gesamte ostfriesische Inselkette landeinwärts verlagert. Langeoog und Wangerooge beispielsweise sind in den vergangenen zweitausend Jahren um mindestens zwei Kilometer nach Süden vorgerückt und dabei auf ehemalige Wattgebiete gestoßen. An den Nordstränden der Inseln wird der übersandete Wattschlick mancherorts wieder freigespült.

DIE ERTRUNKENE KÜSTE

Während ein „Aufbau Ost" im ostfriesischen Wattenmeer Sandplaten und Düneninseln entstehen ließ, liegen an der nordfriesischen Küste die Reste einer durch Sturmfluten in Einzelteile zerschlagenen, mittelalterlichen Kulturlandschaft. Dieses „Westland" war dem heutigen Schleswig-Holstein einst vorgelagert, geriet aber im Laufe der Jahrhunderte unter den ansteigenden Meeresspiegel und ist heute zum großen Teil versunken und von tiefen Prielen und Wattströmen durchzogen. Übrig blieben die aus eiszeitlichen Schichten bestehenden Geestkerne der

TRUTZ, BLANKE HANS

Mitten im Ozean schläft bis zur Stunde
Ein Ungeheuer, tief auf dem Grunde.
Sein Haupt ruht dicht vor Englands Strand,
Die Schwanzflosse spielt bei Brasiliens Sand.
Es zieht, sechs Stunden, den Atem nach innen,
Und treibt ihn, sechs Stunden, wieder von hinnen.
Trutz, Blanke Hans.

Doch einmal in jedem Jahrhundert entlassen
Die Kiemen gewaltige Wassermassen.
Dann holt das Untier tiefer Atem ein,
Und peitscht die Wellen und schläft wieder ein.
Viel tausend Menschen im Nordland ertrinken,
Viel reiche Länder und Städte versinken.
Trutz, Blanke Hans.

Ein einziger Schrei – die Stadt ist versunken,
Und Hunderttausende sind ertrunken.
Wo gestern noch Lärm und lustiger Tisch,
Schwamm andern Tags der stumme Fisch.
Heut bin ich über Rungholt gefahren,
Die Stadt ging unter vor sechshundert Jahren.
Trutz, blanke Hans?

Detlev von Liliencron, 1885

Inseln Sylt, Föhr und Amrum. Auch Pellworm, Nordstrand und Nordstrandischmoor sind Reste der alten, überfluteten Marschen.

Zum Untergang des alten „Westlandes" hat neben den Naturgewalten ungewollt auch der Mensch beigetragen. Im Mittelalter entwässerten die Friesen großflächig die küstennahen Moore und bauten den Salztorf zur Salzgewinnung ab. Speisesalz als Konservierungsmittel war damals ein begehrter Handelsartikel. Was man nicht bedachte: Durch Entwässerung und den Torfabbau sackten die nordfriesischen Marschen zusätzlich unter den steigenden Meeresspiegel und die Sturmfluten des Mittelalters wirkten verheerend.

Jedoch haben die Inseln im schleswig-holsteinischen Wattenmeer durch die Sandzufuhr von See auch Zuwachs bekommen. So entstanden etwa der markante Sylter Ellenbogen und der kilometerbreite Kniepsand vor der Insel Amrum.

SPURENSUCHE IM WATT

Bei Ebbe legt die Nordsee Reste von einstigen Brunnen, Äckern, Wegen und Gräben frei, Spuren untergegangener Kulturlandschaften. Sie erzählen auch heute noch die bewegte Geschichte einer Landschaft, in der nichts beständig scheint außer dem ständigen Wandel. Zwar haben die heutigen wehrhaften Deiche dem Meer eine feste Grenze gesetzt und schützen die Küstenbewohner vor dem Angriff der Wellen. Doch vor der Deichlinie geht das Kräftespiel von Stürmen und Strömungen weiter. Das Wattenmeer hat viele Gesichter. Es ist alles, nur nicht starr.

Unendliche Ruhe verströmt die Insel Trischen im Zauber des Abendlichts. Doch der Schein trügt: Die Insel ist immer in Bewegung.

Dieser Schlick lag früher am Ostufer von Trischen und ist nun an der Westseite wieder aufgetaucht. Die Sandinsel ist einfach darüber hinweggewandert.

Unbefestigte Sandbänke und Inseln wandern auch heute noch ungebremst im Wattenmeer. Die kleine, nur von einem Vogelwart bewohnte Insel Trischen etwa bewegt sich jedes Jahr mehrere Meter in Richtung Osten.

Auch die Insel Wangerooge wandert ostwärts. Dass der malerische Westturm trotzdem Bestand hat, liegt daran, dass die bewohnten Inseln an ihren Westseiten gut befestigt sind.

Befestigungen wie diese Pfahlreihe setzen der Wasserströmung eine starre Grenze und bremsen den natürlichen Fluss der Landschaft.

Archen im Meer

Sie sind die Restposten einer untergegangenen Landschaft. Theodor Storm nannte sie „schwimmende Träume". Ihr einzigartiger Zauber lockt Tausende von Touristen an.

Immer wieder werden sie von den Nordseewellen überflutet. Ihre Bewohner leben nach dem Gang der Tidenuhr und haben stets Vorräte im Haus, falls sie eine Zeitlang von der Außenwelt abgeschnitten werden. Die zehn Halligen, winzige Eilande an der nordfriesischen Küste, sind nicht durch Deiche geschützt und melden immer wieder „Land unter". Allein die auf Erdhügeln, den Warften, errichteten Häuser ragen dann als rettende Archen für Mensch und Tier aus dem Meer.

Als Geburtsstunde der Halligen gilt die verheerende Sturmflut vom 16. Januar 1362. Sie riss große Teile einstigen Marschlandes mit sich fort und hinterließ Landfetzen, die Halligen, auf denen die Überlebenden sich niederließen. Weitere schwere „Jahrhundertfluten" folgten und forderten ihren Tribut. Aber auch kleinere Fluten und die tägliche Tide veränderten die Halliglandschaft stetig, spülten Land mit sich fort und lagerten andernorts Schwebeteilchen wieder ab, so dass neues Land aus dem Meer wuchs. Zwischen dem 14. und 19. Jahrhundert sollen über 100 Halligen existiert haben und wieder verschwunden sein. Die zehn verbliebenen Halligen sind weltweit einzigartig.

EINE HALLIGFAHRT

Nur fünf Halligen sind dauerhaft bewohnt: Hooge, Langeneß, Oland, Gröde und Nordstrandischmoor. Gut 300 Menschen leben hier, viele Familien seit Generationen. Besonders in früheren Zeiten war das Halligleben sehr hart. Die landwirtschaftlichen Erträge waren gering, ständig mussten die Bewohner mit einer Überflutung rechnen. Ackerbau wurde daher kaum betrieben. Stattdessen hielten die Bauern Schafe und Rinder. Da der Halligboden kein Süßwasser speichert, sammelten sie mühsam das Regenwasser, um Mensch und Tier zu versorgen. Eine zusätzliche Einnahmequelle bildete die Seefahrt: Vor allem im 17. und 18. Jahrhundert waren viele der Männer auf Walfängern oder Handelsschiffen unterwegs.

In der zweiten Hälfte des 19. Jahrhunderts kamen die ersten Gäste auf die Halligen. 1871 schrieb Theodor Storm seine Novelle „Eine Halligfahrt". Und bis heute ist der Tourismus eine der wesentlichen Einnahmequellen auf den Halligen. Vor allem Hooge ist ein beliebtes Ausflugsziel. Hier leben etwa 100 Menschen – hinzu kommen in der Saison zwischen 500 und 1000 Touristen pro Tag. Dennoch hat das Halligleben seinen einzigartigen Charakter nicht verloren. Die bewohnten Halligen sind nicht Teil des Weltnaturerbes, aber als Biosphärenreservat von der UNESCO ausgezeichnet – als wertvolle Kultur- und Naturlandschaft, in denen Menschen im Einklang mit der Natur leben und nachhaltig wirtschaften.

MEERESSTRAND

Ans Haff nun fliegt die Möwe,
und Dämmrung bricht herein;
über die feuchten Watten
spiegelt der Abendschein.

Graues Geflügel huschet
neben dem Wasser her;
wie Träume liegen die Inseln
im Nebel auf dem Meer.

Ich höre des gärenden Schlammes
geheimnisvollen Ton,
einsames Vogelrufen –
so war es immer schon.

Noch einmal schauert leise
und schweiget dann der Wind;
vernehmlich werden die Stimmen,
die über der Tiefe sind.

Theodor Storm

GÄNSEPARADIES

Wesentlich beschaulicher geht es auf den kleinen, nur zeitweise bewohnten Halligen zu: Habel, Südfall, Süderoog, Norderoog sowie die Hamburger Hallig sind Bestandteil des Nationalparks Wattenmeer und gehören zum Weltnaturerbe. Interessierte können hier ursprüngliche Natur entdecken. Wattwanderungen und Informationsveranstaltungen werden von Wattführern, Naturschutzverbänden und der Nationalparkverwaltung angeboten. Zahlreiche Küstenvögel leben und brüten auf den unberührten Halligen, Scharen von Zugvögeln halten hier Rast auf dem Weg in ihr Winterquartier. Besondere Schutzauflagen sichern diese kleinen Vogelparadiese. Doch im Frühjahr kann jeder Gast die Reise der Wildgänse auf ganz besondere Art begleiten – und sich ein bisschen wie Nils Holgersson fühlen. Dann nämlich laden die Halligen ein zu den Ringelganstagen. Während sich riesige Schwärme von Ringelgänsen auf den salzigen Halligwiesen satt fressen und Energie für den Flug nach Sibirien tanken, genießen Urlauber und Ausflügler ein buntes Programm rund um die Ringelgans.

Wie kleine Festungen ragen die Warfthügel auf der Hallig empor
und werden bei „Landunter" zu rettenden Archen im Meer.

Wie eine Fata Morgana schweben die Warften im Meer.

Die Halligen sind eine einzigartige Natur- und Kulturlandschaft auf kleinstem Raum, die es auf der Welt kein zweites Mal gibt.

Auf den Halligen werden Traditionen gepflegt. Dazu gehören die kunstvollen Friesentrachten ebenso wie das „Biikebrennen" im Frühjahr.

Eine blühende Salzwiese umgibt die Häuser auf der Halligwarft.

Treibende Kräfte

Der ganze Weltozean ist mondsüchtig und Spielball eines wahrhaft astronomischen Kräftemessens. Die Nordsee schwappt nur mit im Rhythmus der Gezeiten und zieht sich bei Ebbe dezent zurück.

Spektakulär ist sie nicht, die Gezeitenwelle, die zweimal täglich an der Nordseeküste zu besichtigen ist. Langsam, fast unmerklich, flutet das Wasser heran und ebbt anschließend wieder ab. Ein anständiger Sturm, der die Brandung an den Strand tosen lässt, macht mehr her. Doch der buchstäblich oberflächliche Eindruck trügt: Der Wind bewegt lediglich die oberen Schichten des Meeres, dagegen reicht die Gezeitenwirkung bis in die größten Tiefen des gesamten Weltozeans. Wahrhaft astronomische Dimensionen haben daher auch die Kräfte, die zur Ebbezeit gigantische Wassermassen von den Küsten abziehen und mit dem Flutstrom wieder auf sie loslassen. Das wirkende Prinzip hat man schon früh erkannt:

„Mond und Sonne ziehen die Gewässer nach sich"
Plinius der Ältere, „Naturalis historia", um 47 n. Chr

Heute weiß man es genauer. Zwei Kräfte treiben die Gezeitenwelle an: Die Anziehungskraft zwischen Erde und Mond und die Fliehkraft aus der gemeinsamen Drehbewegung der beiden Himmelskörper. Auf der mondzugewandten Seite der Erde überwiegt die Anziehungskraft des Mondes. Daher wölben sich ihm die ozeanischen Wassermassen als „Flutberg" entgegen, der immerhin einen halben Meter hoch ist. Auf der mondabgewandten Seite der Erde dagegen überwiegt die Fliehkraft und erzeugt dort ebenfalls einen Flutberg. Dazwischen liegen die Ebbetäler der Gezeitenwelle.

SONNE UND MOND

Auch die Sonne zieht die Ozeane an. Sie ist zwar viel schwerer als der Mond, aber auch wesentlich weiter entfernt, sodass ihre Gezeitenkräfte nur einen Bruchteil so stark wirken wie jene des Mondes. Stehen Sonne und Mond in einer Richtung, also zu Neu- und Vollmond, so summieren sich ihre Anziehungskräfte. Es kommt zu Springtiden. Der Flutberg läuft besonders hoch auf und das Ebbetal wird besonders niedrig. Steht jedoch bei Halbmond die Sonne senkrecht zur Achse Erde-Mond, verflachen die Gezeitenwellen zur Nipptide. Flutberge und Ebbetäler bleiben flach, das Hochwasser nippt nur am Deich.
Unter den beiden Flutbergen auf der mondzu- und abgewandten Erdseite wandert die Erde während ihrer täglichen Drehung um die eigene Achse. Jeder Punkt dreht daher zweimal pro Tag in einen Flutberg und zweimal in ein Ebbetal hinein. Dieses einfache Schema stören allerdings die großen Kontinente mit ihrer beachtlichen Nord-Südausdehnung. In Wirklichkeit laufen die Gezeitenwellen komplizierte Wege innerhalb der Ozeanbecken.

Mond und Sonne ziehen die Gewässer nach sich.

Plinius der Ältere, „Naturalis historia", um 47 n. Chr

DIE NORDSEE SCHWAPPT NUR MIT

Auch wenn es beachtliche 575 000 Quadratkilometer umfasst – im Vergleich zum Atlantik ist das Nordseebecken klein, zu klein für eigene Gezeiten. Dass trotzdem zweimal täglich die Flut an die deutsche Nordseeküste rollt und bei Ebbe kilometerbreit Sand und Schlick freifallen, liegt an Fernwirkungen aus dem offenen Atlantik. Von dort schwingt die Gezeitenwelle durch den weiten nördlichen Zugang zwischen Schottland und Norwegen in die Nordsee, nimmt ihren Weg entlang der britischen Ostküste und erreicht die deutsche Nordseeküste bei Borkum. Weiter läuft sie in östlicher Richtung durch die deutsche Bucht zu den nordfriesischen Inseln und nach Dänemark. In die Ostsee dagegen schwingt die atlantische Gezeitenwelle kaum hinein, weil der Zugang durch das Skagerrak und Kattegat zu schmal ist. In Grömitz oder Warnemünde läuft daher dem Sonnenanbeter weder die ansteigende Flut über den Sandburgrand, noch muss er für einen Sprung ins kühle Nass dem ablaufenden Wasser hinterher eilen. Allerdings gibt es auch keine Gelegenheit bei Ebbe auf dem Meeresboden spazieren zu gehen, die Weite der Wattenlandschaft und den Schlick unter den Fußsohlen zu genießen.

STURM + FLUT = STURMFLUT

Neben den Gezeiten mischt noch eine weitere Kraft das Wattenmeer kräftig auf: der Wind. Winde sind Luftströmungen und entstehen dort, wo Temperatur- und Luftdruckgegensätze in der Atmosphäre auftreten. Sind diese nur schwach, weht eine leichte Brise, im Extremfall aber tobt ein Orkan.

Der Wind schiebt das oberflächennahe Nordseewasser vor sich her und erzeugt dadurch Strömungen. Sind diese auf die Küste oder gar in eine Bucht gerichtet, steigt dort das Wasser. Als Faustregel gilt: je stärker der Sturm aus Nordwest, desto höher der Wasserstand an der deutschen Nordseeküste. Von einer Sturmflut spricht man, wenn der Wind den Wasserspiegel an der Küste anderthalb Meter und mehr über den mittleren Hochwasserstand hinaufdrückt.

Sturmfluten nagen vor allem an Sandküsten, bewegen große Mengen Sand und Schlick hin und her, reißen klaffende Löcher in Strände und Dünen. Klingt der Sturm ab, wird der Sand andernorts wieder abgelagert. Ein gewaltiges Transportunternehmen, das die gesamte Küste bewegt. Der Mensch hat diesem Bewegungsdrang zwar einen Deichriegel vorgeschoben, aber im vorgelagerten Wattenmeer wirken Wind und Wasserströmung ungehindert weiter.

Sonne, Mond und Wind – die Gezeiten und die Sturmwellen – sind die treibenden Kräfte an unseren Küsten.

Erst der Wind peitscht das Meer so richtig auf und entfaltet seine ganze gestalterische Kraft.

Die Krabbenfischer, die im Wattenmeer dem Millionenvolk der Nordseegarnelen nachstellen, müssen die Naturgewalten genau kennen, um immer wieder sicher nach Hause zu kommen.

LEBENDIGER REICHTUM

WER SOLL IM WELTNATURERBE WATTENMEER EIGENTLICH GESCHÜTZT WERDEN? Der Wattwurm lautet die naheliegende Antwort, denn den gibt es da im wahrsten Sinne des Wortes zuhauf. Mehr nicht?

Dabei wetteifern die rot beschnäbelten schwarz-weißen Austernfischer mit kulleräugigen Robbenbabys um den Titel „Schönstes Tier im Wattenmeer". Und das Millionenheer der Zugvögel tritt gegen Scharen von Krebsen und Jungfischen an, um den spektakulären Reichtum an Tieren und Pflanzen im Wattenmeer zu untermalen. Lebendiger Reichtum, der nicht nur im Wattschlick steckt, sondern in einem einzigartigen Mosaik aus großen Tideflächen, Salzwiesen, Stränden, Düneninseln und Sandbänken. Das alles soll als Weltnaturerbe bewahrt werden.

Und doch: Watt – das sind zuallererst der Wattwurm und seine allgegenwärtigen Sandhäufchen.

Küstenseeschwalben ziehen fast um die ganze Welt. Im Wattenmeer finden sie Ruhe und einen reich gedeckten Tisch, um ihre Küken großzuziehen.

Echte Pioniere wie die Dünenquecke schaffen es auch in dem unwirtlichen und versalzenen Strandboden Wurzeln zu schlagen. An ihnen fängt sich der Sand, eine kleine Düne entsteht.

112 | 113 Lachmöwen kreisen über der Hamburger Hallig. Wer hier im Gras liegt und in den Himmel schaut, der weiß, warum ein Vogelparadies auch ein Paradies für Menschen ist.

Schichtwechsel

Ein Wattwurm frisst Sand und verdaut seine gesamte Umgebung. Seine Zeichen: ein Trichter und ein Kringel aus Sand. Sein Problem: Im Schichtbetrieb kommen hungrige Mäuler, um ihn zu schnappen.

Der Wattwurm lebt im Untergrund: in einem U, das er in den Wattboden gräbt. Er frisst Sand, der von oben in seine Wohnröhre rutscht, verdaut alles Organische und stößt einen Strang aus gereinigten Sandkörnchen wieder aus. Einsturztrichter und Sandkringel sind seine Markenzeichen. Er selbst sieht aus wie ein zu fett geratener Regenwurm und versteckt sich so tief im Wattboden, dass Angler einen Spaten brauchen, um den begehrten Köder auszugraben. Kiloweise Sand schluckt ein Wurm pro Jahr. Er belüftet und lockert den Wattboden, so wie der Regenwurm die Gartenerde.

Im Schichtbetrieb wechseln sich Vögel und Fische ab, um den fetten Happen zu schnappen. Bei Flut kommen die Schollen und beißen zu, wenn der Wattwurm in seiner Röhre nach oben steigt, um seinen Darm zu entleeren. Bei Ebbe stochern die Watvögel mit ihren langen spitzen Schnäbeln nach dem Wurm. Erwischen sie nur sein hinteres Ende, ist der Wurm zwar gekürzt, aber keineswegs tot. Ihm wächst einfach ein neues Schwanzstück.

FRESSEN IM GEZEITENTAKT

Der Wechsel der Gezeiten macht das Wattenmeer zu einer Drehscheibe zwischen Land und Meer. Während der Flut nutzen Schollen, Seezungen, Heringe und Sandgarnelen den Nahrungsreichtum im Wattenmeer. Bei Ebbe ziehen sie sich zurück, während ihre Kinder in Pfützen und flachen Prielen hocken bleiben wie in warmen Badewannen. Dort können sie schneller wachsen und sind vor größeren, im tiefen Wasser lauernden Räubern geschützt. Die trocken fallenden Wattflächen gehören den Vögeln. In den Sommermonaten suchen dort vor allem im Küstenvorland brütende Wattvögel, Seeschwalben und Möwen nach Futter. Im Frühjahr und im Spätsommer legen Millionen von Zugvögeln einen Zwischenstopp im Wattenmeer ein, um sich Energiereserven für den Weiterflug anzufressen. Seehunde suchen bei Ebbe ihre traditionellen Liegeplätze auf Sandbänken oder an den Stränden auf. Hier ziehen sie auch ihre Jungen auf und wechseln ihr Fell.

LAUTER ÜBERLEBENSKÜNSTLER

Zweimal täglich breitet sich die Flut über die Watten der Nordseeküste, verschluckt kilometerweit Sand und Schlick, Seegraswiesen und Muschelbänke. „Durchatmen und fressen" signalisiert das steigende Wasser den Bewohnern der Gezeitenzone. Miesmuscheln etwa beginnen eilig, den Flutstrom nach Plankton zu durchfiltern. Sobald sich das Meer wieder zurückzieht, klappen sie ihre Scha-

IST DIE MIESMUSCHEL MIES?

Die Miesmuschel ist gar nicht mies. Ihr Name leitet sich von dem mittelhochdeutschen Wort „mies" ab und das bedeutet „Moos". An selbiges erinnert das Geflecht von Klebefäden, mit denen sich die Miesmuscheln festspinnen, um nicht fortgespült zu werden.
Miesmuscheln schlucken Unmengen von Meerwasser und filtern Plankton heraus, das sie fressen. Bis zu zwanzig Liter Wasser strömen täglich durch die Kiemen einer einzigen Miesmuschel. Und auf einer Muschelbank siedeln Tausende von ihnen. Zusammen bilden sie einen gewaltigen Wasserfilter.
Besonders schützenswert sind die Miesmuschelbänke im Wattenmeer vor allem deswegen, weil sie mehr als hundert verschiedenen Tier- und Algenarten festen Halt im weichen Schlick bieten – also Oasen der Artenvielfalt sind für all jene Meereslebewesen, die stabilen Siedlungsgrund brauchen.
Heutzutage ist diese Wohngemeinschaft international. So findet man beispielsweise auf den Miesmuschelbänken im Sylter Wattenmeer amerikanische Pantoffelschnecken, australische Seepocken, japanischen Beerentang und „Original Sylter Austern", die aus Asien importiert wurden. Die Austernlarven treiben mit der Strömung aus ihren Kulturen und siedeln sich andernorts an. Mittlerweile machen die Einwanderer aus Asien den einheimischen Miesmuscheln ernsthafte Konkurrenz.

lenhälften fest zu, um nicht von Wind und Sonne ausgedörrt zu werden. Während der Ebbezeit sind Tiere und Pflanzen im Watt den Launen des Landwetters ausgesetzt – sengender Hitze im Sommer mit Wassertemperaturen über 30 Grad in flachen Watt-Tümpeln, Frost und Eisgang im Winter. Ständig schwankt der Salzgehalt im Wasser, das bei starkem Regen so brackig wird wie in den Flussmündungen. Das Dasein im Wattenmeer gleicht einem Wechselbad, geprägt von Veränderung und Unsicherheit. Viele der im Sand oder Schlick verborgenen wirbellosen Tiere sind ökologische Generalisten, denen dauernde Schwankungen nichts ausmachen. Andere entgehen zeitweiligen Verschlechterungen ihrer Lebensbedingungen durch weiträumige Wanderungen oder produzieren sehr viele Nachkommen, um Verluste ausgleichen zu können.
Millionen von einzelligen Kieselalgen überziehen den Wattboden und machen ihn zu einer Weide für Schnecken, Muscheln, Krebse und Würmer. Vor allem die kleine Wattschnecke bevölkert die Algenweiden mit einem Millionenheer. Jede Flut schwemmt zusätzlich Schwebstoffe und Plankton als Nahrung herbei. Die weltweit größten Schlick- und Sandwatten sind ein wahres Schlaraffenland für all diejenigen, die das Wechselbad der Gezeiten ertragen können.

Der Seehase legt viele Eier, und das nicht nur zu Ostern. Als falscher Kaviar landen diese häufig auf hartgekochten Eiern.

Wenn ein Schneckenhaus plötzlich ungebührlich schnell im flachen Nordseewasser davon läuft, steckt der Einsiedlerkrebs darin.

Seepocken, Bäumchenröhrenwürmer und Miesmuscheln sind im Wattenmeer heimisch.

Die Pazifische Auster hingegen ist ein äußerst erfolgreicher Einwanderer an der Nordseeküste.

Kunstformen der Natur: Nordseegarnelen, Schwertmuscheln, Herzmuscheln, Seeigel, Käferschnecke, Kompassqualle (von links).

Blumentiere wie diese Seeanemone sind schön und gefährlich zugleich: Mit dem Nesselgift an ihren Fangtentakeln lähmen sie ihre Beute.

Seltener Gast im Wattenmeer und Highlight jedes Aquariums: das Seepferdchen.

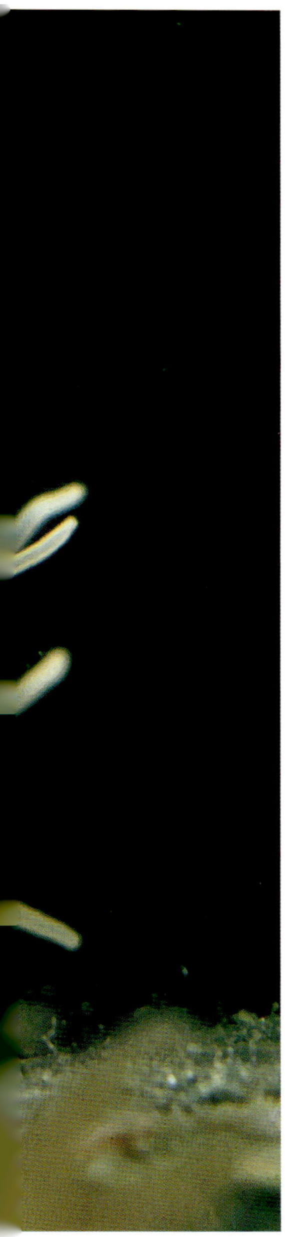

Grüne Grenze

Zuviel Salz ist für Pflanzen das reinste Gift. Nicht umsonst gilt Streusalz als Baumkiller. Daher halten nur spezialisierte Salzpflanzen Wache an der grünen Grenze zwischen Land und Meer.

Salzig ist das Land vor den Deichen, denn immer wieder sorgen hohe Fluten für Nachschub. Daher gedeihen auf den Salzwiesen im Vorland nur spezialisierte Salzpflanzen, die an das Meersalz in Wasser und Boden angepasst sind. Je nach Höhenlage und damit der Zahl jährlicher Überflutungen bilden sich unterschiedliche Pflanzengemeinschaften. Noch im Einflussbereich der Gezeiten liegt das Quellerwatt – geprägt von den dickfleischigen Stämmchen der Quellerpflanzen, die darin überschüssiges Salz speichern, bis der Spross im Winter abstirbt. Auch das zur Landgewinnung eingeführte Schlickgras ist hier zuhause. Über der Hochwasserlinie folgen die Andelzone und die etwas höher gelegene Rotschwingelzone – im natürlichen Zustand blühende, von kleinen Prielen durchschlängelte Wiesen. Neben Andelgras und Rotschwingel wächst hier eine Vielzahl von Salzpflanzen, etwa Stranddreizack, Meerstrand-Beifuß oder Grasnelke. Besonders ins Auge fallen die violetten Blüten der Strandaster und des Strandflieders. Letzterer scheidet das überschüssige Salz durch spezielle Drüsen aus.

KÄFERTRAUM UND GÄNSEWEIDE

Eine ganze Reihe von Insekten und Spinnen sind auf den Lebensraum Salzwiese spezialisiert. Dazu gehört auch ein nur wenige Millimeter großer Käfer mit einem umso längeren Namen: der Halligflieder-Spitzmaus-Rüsselkäfer. Er hat so spezielle Ansprüche, dass er fast nur am Strandflieder auf den Halligen zu finden ist. Denn dort gibt es auch Abbruchkanten, an denen die Wurzeln des Strandflieders frei liegen – und die brauchen die Käferweibchen für die Eiablage.
Auch viele Küstenvögel nutzen die Salzwiesen, beispielsweise Ringelgänse, Säbelschnäbler, Lachmöwen und Seeschwalben. Viele rasten dort bei Flut solange, bis die nahrungsreichen Wattflächen wieder trocken fallen. Andere brüten im Schutz der Salzpflanzen, etwa der „Wappenvogel" des Wattenmeeres: der Austernfischer. Ringel- und Nonnengänse futtern sich in den Salzwiesen Fettreserven für die lange Reise in ihre Brutgebiete an.

WUCHTBREMSE

Trotz ihrer ökologischen Bedeutung galten die Salzwiesen lange Zeit vornehmlich als Mittel zum Zweck der Deichsicherung, denn sie bremsen bei Überflutung die Wucht der Nordseewellen ab. Nicht zuletzt um ihre Schutzfunktion erfüllen zu können – so die lange Zeit vorherrschende Meinung – wurden sie intensiv beweidet. Aus den blühenden Vorländern wurden monotone Golfrasen, von Schafen kurz gehalten und von schnurgeraden Entwässerungsgräben durchzogen.

DIE SACHE MIT DER RINGELGANS

Eine ganz besondere Erfolgsgeschichte handelt von der Ringelgans und dem Mensch. Beide beanspruchen die Salzwiesen auf den Halligen für sich – die Gänse zum Fressen für ihren Weiterflug und die Halligbewohner zum Fressen für ihr Weidevieh. Früher waren Flinte und Vogelscheuche Sinnbild dieser Konfrontation. In den 1980er Jahren kam der Friedensvertrag: Ein Halligprogramm, das den Schutz der Gänse gewährleistet und gleichzeitig den Landwirten durch Ausgleichszahlungen ihre wirtschaftliche Existenz sichert. Und nicht nur das: Die Halligen feiern die Ankunft der Gänse alljährlich im Frühjahr mit den Ringelganstagen, freuen sich an dem Naturschauspiel und an den vielen Touristen, die deswegen angereist kommen. Gänse, Vieh, Landwirte und Gäste leben friedlich zusammen.

Heute dürfen sich in den Nationalparken wieder mehr Salzwiesen ungestört entwickeln. Neue Hoffnung also für den schmalen Saum zwischen Land und Meer, die Überreste der einstmals großflächigen Vorländereien, die in den vergangenen Jahrhunderten durch Eindeichungen verloren gingen.

LANDGEWINN

Doch Salzwiesen gingen nicht nur verloren, sondern wuchsen an geeigneten Stellen von ganz alleine aus dem Meer. Jede Flut schwemmt Schwebeteilchen ins ufernahe Watt, die absinken, wenn die Strömung bei Hochwasser für kurze Zeit aussetzt. So bildet sich eine Schlickschicht, die allmählich dicker wird. Ist das Schlickwatt bis auf einen halben Meter unter das Mittlere Tidenhochwasser emporgewachsen, siedelt sich als erste Pionierpflanze der Queller an. Bäumchenartig aufragend breitet er sich flächendeckend aus, bremst die Wasserströmung, fördert die Schlickablagerung und hält mit seinen Wurzeln den Boden fest. So wächst allmählich Land auf, das nicht mehr täglich überflutet wird, sondern das Salzwasser nur noch bei Springtiden und Sturmfluten zu spüren bekommt. Dort siedeln sich spezialisierte Gräser und Kräuter an, eine Salzwiese entsteht.

Natürlich gewachsene Salzwiesen überwiegen auf den Inseln im Wattenmeer. Auf dem Festland hingegen sind fast alle der heutigen Salzwiesen das Werk des Menschen. Um Vorland zu schaffen, legte man Lahnungsfelder an. Sie bestehen aus Doppelreihen von Holzpfählen, die mit Reisigbündeln gepackt werden. Lahnungen dämpfen Strömung und Wellenbewegung und schaffen so Stillwasserzonen, in denen verstärkt Schlick abgelagert wird. So wächst das Land vor den Deichen schneller auf.

Blütenzauber in einer rauen Landschaft: Strandflieder, Rotschwingelgras, Löffelkraut, Dornige Hauhechel, Hornklee, Grasnelke (von links).

Salzwiesen sind ein wertvoller Lebensraum für viele Küstenvögel: Nonnengänse (links) kommen in Scharen, um die nahrhaften Salzpflanzen abzuweiden. Löffler, Küstenseeschwalben und Rotschenkel ziehen hier ihre Jungen groß (von oben).

Berge versetzen

Berge versetzen ist an der Küste ganz einfach. Denn die sind aus Sand, den der Wind aufgeweht hat. Zum Berge versetzen reicht ein kräftiger Sturm aus Nordwest.

Berge aus Sand türmen sich an der Nordseeküste über 20 Meter hoch. Klein haben sie angefangen: Wenn der Wind trockenen Sand über den Strand landeinwärts fegt und Sandkörnchen sich an einer Muschelschale oder einem Stück Holz fangen, bildet sich ein Sandhäufchen. Dann kommt ein echter Pionier ins Spiel: die Dünenquecke, ein robustes Gras, dem weder salziges Wasser noch Hitze und Wind etwas anhaben können. Kleine, angewehte Wurzelstücke reichen aus, damit die Dünenquecke Fuß fassen kann. Mit ihrem reich verzweigten Wurzelstock hält sie den Sand fest. Um sie herum wächst eine kleine Düne heran.

Wird die junge Düne nicht mehr vom Meer überspült, wäscht der Regen das Salz langsam aus. Strandhafer siedelt sich an. Der Wind weht weiterhin Sand heran und deckt den Strandhafer immer wieder zu. Das macht dem robusten Gras jedoch nichts aus. Immer wieder schiebt es seine Blätter nach oben, bleibt aber unten fest verankert. So bildet der Strandhafer ein festes Gerüst, an dem sich der Sand zu hohen Weißdünen auftürmen kann. Das Berge versetzen wird daher mit Ankunft des Strandhafers schwieriger. Nur die großen vegetationslosen Wanderdünen folgen der vorherrschenden Windrichtung willig von West nach Ost.

WENN DÜNEN IN DIE JAHRE KOMMEN

Auf der Seeseite weht der Wind stets neuen Sand und Nährstoffe herbei, so dass Düne und Strandhafer weiter wachsen können. Landwärts jedoch gehen den älter werdenden Dünen die Nährstoffe aus, der Strandhafer kann hier nicht mehr gedeihen. Dafür kommen Gräser und Kräuter, die magere Böden bevorzugen. Rotschwingelgras und Sanddistel gehören dazu, rotviolett blühende Dünen-Platterbse, rosa Strand-Winde, blaues Sand-Glöckchen und der orangefarbene Wundklee malen bunte Farbtupfer auf die nunmehr grau gewordenen Dünen. Grau, weil sich der weiße Sand mit Humus aus abgestorbenen Pflanzenteilen vermischt hat.

Anders als Menschen werden alternde Dünen erst grau und dann braun. Immer mehr Humus sammelt sich an und Eisenhydroxide werden freigesetzt, die den Boden bräunlich färben. Der Bewuchs wird vielfältiger. Typisch sind Krähenbeere, Sanddorn, Kriechweide und duftendes Heidekraut. Während Dünenheide eher im nördlichen Wattenmeer vorkommt, dominiert weiter südlich das Dünengrasland.

In feuchten Dünentälern wachsen seltene Pflanze wie der Sonnentau. Auch Kreuzkröten leben hier und jagen in den Dünen nach Insekten.

WEM GEHÖRT DER STRAND?

Strände und Sanddünen sind bei Touristen und Vögeln gleichermaßen beliebt. Sonnenbaden und Strandspaziergänge gehören zum Küstenurlaub einfach dazu. Doch Seeregenpfeifer und Zwergseeschwalben brüten leider genau an den Stränden, die auch für unsere Urlaubsgestaltung am attraktivsten sind. Sie sind daher stark gefährdet und können nur noch in wenigen, unzugänglichen Strand- und Dünenbereichen ungestört brüten.
Um den Strandvögeln zu helfen, werden mögliche Brutgebiete zeitweise eingezäunt. Wird die Absperrung durch Hinweistafeln ergänzt, die über Sinn und Zweck aufklären, fällt es nicht schwer die Einschränkung zu akzeptieren. Zumal sich für die Zaungäste faszinierende Beobachtungsmöglichkeiten auftun. Mit Fernglas und Spektiv kann man den brütenden Vögeln ganz nahe sein, ohne sie zu stören.

NETZWERKE AUS SAND

Dünen und Strände sind ökologisch eng mit den anderen Lebensräumen im Wattenmeer verknüpft. Vor allem durch die Küstenvögel, die in den Dünen brüten, rasten oder auf Nahrungssuche gehen. Typische Zeichen dafür sind die vielen violetten Kleckse, die Möwen hinterlassen, wenn sie sich an den Krähenbeeren gütlich getan haben. Auf fuchsfreien Inseln unterhalten Möwen in den Dünen große Brutkolonien. Auch Kornweihen, Sumpfohreulen, Steinschmätzer und Neuntöter ziehen in den Dünen ihre Brut auf.
Doch Dünen sind auch ein wichtiger Baustein für den Küstenschutz auf den Wattenmeerinseln. Daher werden sie vor allem in der Nachbarschaft von Städten und Dörfern künstlich stabilisiert. Zäune aus Gestrüpp und angepflanzter Strandhafer wirken der Erosion entgegen. An der Festlandküste hingegen sind Dünen nur an wenigen Standorten wie der Halbinsel Eiderstedt vertreten.

Zwergseeschwalben sind auf ungestörte Strände angewiesen.

Sie bringen Farbtupfer in die Dünenlandschaft: die ausdrucksvollen Blüten der Kohl- und der Stranddistel und die leuchtenden Beeren des Sanddorns (von oben).

Dünenquecke und Strandhafer befestigen den Sand und türmen ihn zu ersten Dünen auf.

Pionier: Auf dieser Wanderdüne hat eine einzelne Heidepflanze Wurzeln geschlagen.

Ansturm: Die Wanderdüne hat diese Rohrkolben so gründlich übersandet, dass nur noch die Reste der Fruchtstände herausragen.

Millionenerbe

Nahezu schwerelos scheinen sie dahinzuziehen, hoch oben in den Lüften. Doch für den Wattenmeerschutz sind die Millionen Zugvögel politische Schwergewichte. Ohne sie ist das Weltnaturerbe nicht vorstellbar.

Bis zu 12 Millionen Vögel ziehen auf ihrer Tausende von Kilometern langen Reise durch das Wattenmeer. Nur hier auf den ausgedehnten Wattflächen finden sie genug Nahrung um aufzutanken. Nur hier finden sie ungestörte Rastplätze um auszuruhen. Hinzu kommen rund sechs Millionen Vögel, für die das Wattenmeer ständige Heimat ist.

Der immense Vogelreichtum ist seit jeher ein besonders gewichtiges Argument für den Schutz des Wattenmeeres. Ein Argument, das auch bei der Auszeichnung als Weltnaturerbe schwer wog. Würde das Wattenmeer ernsthaft geschädigt, wären Dutzende von Vogelarten bedroht und Verluste in der globalen Artenvielfalt die Folge.

SCHLEMMERBUFFET

Bei Hochwasser sammeln sich die Küstenvögel dicht an dicht in riesigen Scharen auf Sänden und Salzwiesen. Zu hunderten sitzen da die großen grau-weißen Silbermöwen, die auffällig schwarz-weiß gezeichneten Austernfischer mit ihren signalroten Schnäbeln und Beinen und unzählige braun und unauffällig gezeichnete Watvögel. Von weitem sieht einer wie der andere aus, erst mit dem Fernglas offenbart sich die ganze Vielfalt: Pfuhlschnepfen, Alpenstrandläufer, Knutts, Brachvögel, Regenpfeifer und Sanderlinge. Sie alle warten nur auf eins: Dass sich die Nordsee endlich wieder zurückzieht und das ablaufende Wasser eine reich gedeckte Tafel freilegt, ein Schlaraffenland unter Schlick und Sand. Dann beginnt der Alpenstrandläufer nahe der Wattoberfläche nach Schlickkrebsen und Wattschnecken zu stochern, der langschnäblige Brachvogel stellt tiefer im Sand lebenden Wattwürmern nach und der schwarzweiß gefiederte Säbelschnäbler streicht seinen aufwärts gebogenen Schnabel dicht über den Wattboden und seiht Würmer, Wattschnecken und Kleinkrebse heraus. Der Austernfischer knackt mit seinem kräftigen Schnabel Mies- und Herzmuscheln auf, Eiderenten verschlucken die Muscheln im Ganzen und zerquetschen sie im Magen. Ringelgänse und Pfeifenten weiden Seegras, Grünalgen oder Salzpflanzen ab, Seeschwalben leben vom Fischfang. Viele Möwen dagegen sind gar nicht wählerisch und verschmähen auch den Beifang der Fischkutter nicht.

WELTENBUMMLER

Durch den Vogelzug erhält das Wattenmeer weltweite Bedeutung. Es ist der wichtigste Zwischenstopp auf der Ostatlantikroute, eine unverzichtbare Tankstelle für Alpenstrandläufer, Ringelgänse, Knutts und andere Zugvögel, die zwischen ihren Brutgebieten in Sibirien, Skandinavien oder

STRESS MACHT KRANK

Diese einfache Wahrheit gilt für Mensch und Tier gleichermaßen. Vögel, die beim Brüten, Fressen oder Rasten dauernd gestört werden, sind anfälliger gegen Krankheiten und Parasiten, haben weniger Junge und sterben früher. Und Störungen gibt es viele, auch im Weltnaturerbe Wattenmeer. Wo die Menschen hingehen, fliegen die Vögel weg. Freilaufende Hunde sorgen für besonders viel Aufruhr. Zwar müssen sie in geschützten Gebieten an der Leine gehalten werden, doch viele Hundebesitzer ignorieren dies. Abhilfe schafft eine sinnvolle Besucherlenkung, begleitet durch Aufklärung und Information. Denn mit Absicht vertreibt wohl kaum jemand die Vögel von ihren Plätzen.

Kanada und ihren Überwinterungsgebieten in Westeuropa oder Afrika hin und her pendeln.

Ein echter Weltenbummler ist die Küstenseeschwalbe. Sie fliegt – immer dem Sommer hinterher – fast um die ganze Welt: über Afrika bis in die Antarktis, wieder nordwärts über Amerika nach Grönland und schließlich zurück an die Wattenküste der Nordsee. Dort trifft sie im April ein, um in den Dünen und Salzwiesen zu brüten und in den Prielen nach kleinen Fischen zu tauchen.

Über 40 Vogelarten suchen das Wattenmeer in „international bedeutenden Bestandsgrößen" auf. Das heißt: Zeitweise halten sich dort mehr als ein Prozent des gesamten Bestandes auf.

HEIMATLAND

Doch das Wattenmeer taugt nicht nur als Durchgangsstation, sondern ist Heimstätte vieler Küstenvögel, die dort dauerhaft leben und ihre Jungen großziehen. Säbelschnäbler, Austernfischer, Rotschenkel und Lachmöwen bauen ihre Nester in den Salzwiesen, während in den Dünen vor allem Silber-, Herings- und Sturmmöwen brüten. Strände und Vordünen sind eine wichtige Kinderstube für Zwergseeschwalben, Sand- und Seeregenpfeifer.

Während der Brutzeit brauchen die Vögel viel Ruhe und besonderen Schutz. Bereits Anfang des 20. Jahrhunderts wurden die ersten „Seevogelfreistätten" gegründet – Schutzgebiete, die vor allem den Seeschwalben helfen sollten. Deren Brutkolonien waren zuvor von Eiersammlern und Vogeljägern geplündert worden. Besonders begehrt waren die Federn der Seeschwalben, die sich die Damen der feinen Gesellschaft gerne an den Hut steckten.

Tradition hat in den Schutzgebieten auch die Kontrolle der Vogelbestände. Kaum eine andere Tiergruppe steht im Wattenmeer schon so lange unter Dauerbeobachtung wie die Brutvögel. So können die Fachleute genau verfolgen, ob der Vogelreichtum in Gefahr ist.

Inneres Gleichgewicht: Sanderlinge schlafen stehend auf einem Bein.

144 | 145 Preziosen im Wattschlick: Die graziösen Säbelschnäbler sind ein ganz besonderer Anblick im Weltnaturerbe Wattenmeer.

Rastende Watvögel, ein Gänseschwarm. Wer sich Zeit nimmt und einfach schaut, wird mit einzigartigen Momenten im Wattenmeer belohnt.

Ansichten aus einem der vogelreichsten Gebiete der Erde: Schwärme von Knutts, Austernfischern, Möwen und Brandgänsen (von oben).

Wer so nah ran will, braucht ein gutes Fernrohr – brütende Austernfischer brauchen ihre Ruhe.

FASZINIERENDE WILDNIS

„WIE WIND UND SONNENUNTERGANG NAHM MAN DIE FREIE NATUR ALS SELBSTVERSTÄNDLICH HIN, BIS DER FORTSCHRITT SIE ZU VERDRÄNGEN BEGANN.
Nun stehen wir vor der Frage, ob ein noch höherer „Lebensstandard" es wert ist, mit all dem bezahlt zu werden, was naturhaft, wild und frei ist …"
Diese Zeilen schrieb Aldo Leopold bereits 1948 in seinem schmalen Büchlein „Sand County Almanac" nieder. Heute sind seine Gedanken aktueller denn je, sein Almanac ist zum Kultbuch aufgestiegen, er selbst gilt als Vordenker der Umweltethik und Schutzpatron von „Wildnis" – ursprüngliche Natur, an die noch niemand eine hegende, pflegende Hand angelegt hat.
Leopolds Worte bringen auch den erst Jahrzehnte später aufkeimenden Gedanken des Weltnaturerbes auf den Punkt: „Ein Land darf sich erst dann wirklich als kultiviert oder zivilisiert bezeichnen, wenn es seiner Wildnis genug Bedeutung schenkt."

So weiträumig nur von der Natur geformt ist heute kaum eine andere Landschaft in Mitteleuropa.

Gartenpflege

Wer über den Gartenzaun schaut, der findet ihn sofort: den viel zitierten Ordnungssinn der Deutschen. Schnurgerade Rasenkanten, aufgereihte Stiefmütterchen, Rosen, Zwergkoniferen. Kein Halm steht dort, wo er nichts zu suchen hat. Wo soll da der Wildnisgedanke keimen?

Der Zustand deutscher Vorgärten zeigt wenig Wertschätzung für Wildnis. Der deutsche Urlauber schon eher. Er reist gerne in Nationalparke – im fernen Amerika ebenso wie an heimischen Küsten. Und in Nationalparken geht es um Wildnis – um Natur, die sich ungestört entwickeln darf, ohne dass wir ihr mit Hege und Pflege unsere Normvorstellung aufdrücken. Selbstverständlich ist das ganz und gar nicht. Auch Naturschutz verläuft mancherorts nach Plan, etwa wenn seltene Tier- oder Pflanzenarten erhalten oder seltene Landschaftstypen konserviert werden sollen. Dann hilft man mit gezielten Pflegemaßnahmen. Der Schäfer schickt seine Heidschnucken los, um die lästigen Birken von der erwünschten Heide fern zu halten. In unserer über Jahrtausende vom Menschen geprägten Kulturlandschaft sind nicht nur Knabenkraut und Eisvogel selten geworden, sondern auch Gebiete, in denen wir Natur einfach Natur sein lassen – Wildnis eben. Das Ergebnis ist immer wieder anders, kein Zustand wie die Heidelandschaft, sondern ein Prozess von permanentem Werden und Vergehen.

WILDES ERBE

Im Wattenmeer kann jeder selbst erleben, wie die natürliche Dynamik die Landschaft immer wieder neu gestaltet. Ebbe und Flut, Wind, Wasser und Wellen formen permanent am Küstenrelief, Wattwürmer bauen ihren Lebensraum tiefgreifend um, hartgesottene Pionierpflanzen halten Sand fest und lassen Dünenformationen in die Höhe wachsen. Das Wattenmeer ist eine der letzten großflächigen und vergleichsweise ungestörten Naturlandschaften in Mitteleuropa. Hier gibt es noch Wildnis, und sie zu bewahren, also der Natur ihren Lauf zu lassen, ist das wichtigste Schutzziel im Weltnaturerbe Wattenmeer.

Hier kann man die Wildnis nicht nur sehen, sondern mit allen Sinnen genießen. Den Schlick unter den Fußsohlen, Sonne und Salz auf der Haut, das Rauschen des Windes und die Rufe der Küstenvögel. Ankommen und loslassen. Hier spürt man am eigenen Leib, dass Natur zu den elementaren Grundbedürfnissen des Menschen gehört. Hier spürt man, was wir verlieren, wenn wir die Wildnis kultivieren, warum wir sie schützen und für unsere Erben bewahren müssen.

Ein Land darf sich erst dann wirklich als kultiviert oder zivilisiert bezeichnen, wenn es seiner Wildnis genug Bedeutung schenkt.

Aldo Leopold

Für den im Schweiße seines Angesichts Arbeitenden ist das Rohmaterial auf seinem Amboss ein Gegner, der besiegt werden muss. In diesem Sinn war auch die Wildnis für den Pionier ein Gegner. Aber für den, der in seiner Freizeit ein interessiertes Auge auf seine Welt wirft, ist dasselbe Rohmaterial etwas zum Lieben und Hegen, denn es verleiht seinem Leben eine Bestimmung und Bedeutung.
Dies ist ein dringender Appell zur Erhaltung einiger Restbestände von Wildnis als Museumsstücke zur Erbauung derer, die vielleicht eines Tages den Ursprung ihres kulturellen Erbes sehen, fühlen oder erforschen möchten.

Aldo Leopold, Plädoyer zur Umwelt-Ethik

Wir leben unser Leben nicht voll aus. Wir durchdringen nicht alle unsere Poren mit unserem Blut. Wir atmen nicht aus voller Brust. Wir leben nur noch einen Bruchteil unseres Lebens. Warum lassen wir die Flut nicht herein, öffnen die Schleusen und setzen alle unsere Räder in Bewegung? Wer Ohren hat, der höre. Bediene dich deiner Sinne.

Tagebuch des amerikanischen Aussteigers Henry David Thoreau am 13. Juni 1851

Everybody needs beauty as well as bread, places to play in and pray in, where Nature may heal and cheer and give strength to body and soul.

John Muir, Begründer des ersten amerikanischen Nationalparks

Kunst und Natur haben gleichermaßen ihre Gesetzmäßigkeiten – im Loslassen entsteht Schönheit, immer etwas Neues, nie Vorherzusehendes; ein Gefühl von Verlässlichkeit stellt sich ein, ein Gefühl für Dauer, Geduld und Langsamkeit.

Gretel Eisch, Bildhauerin

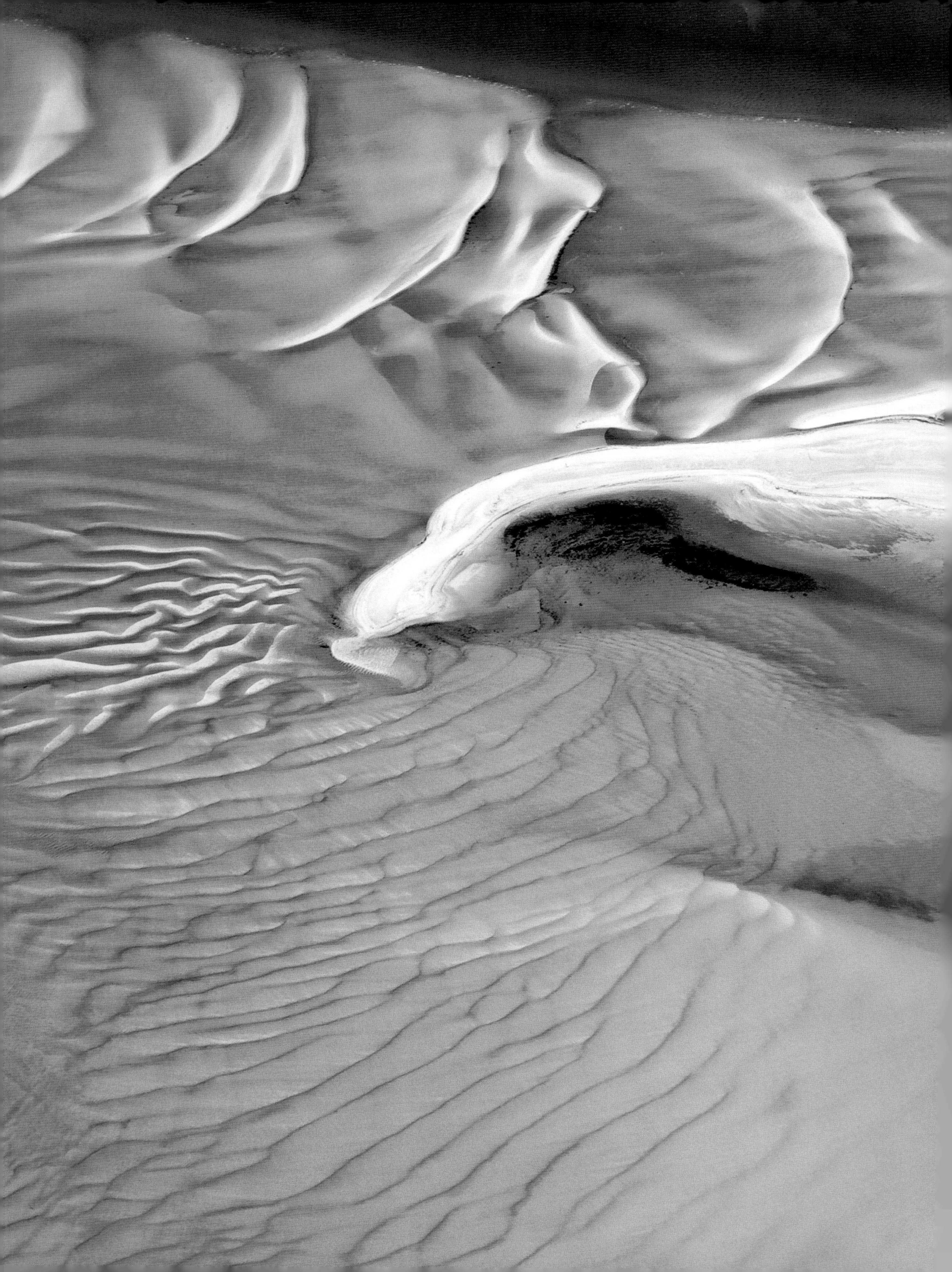

„Jung und ursprünglich" – trotz seines geringen Alters erzählt das Wattenmeer viel von der Erdgeschichte.

162 | 163 „Wo Naturkräfte walten“ – Ebbe und Flut, Wind und Sand sorgen für ständige Bewegung im Wattenmeer.

„Vielfalt des Lebens" – das Wattenmeer bietet ein Zuhause für eine Vielzahl von Tieren und Pflanzen, die andernorts selten sind.

Wechselspiel

Sehen wir eigentlich, was wir sehen? Vieles ist unserer Wahrnehmung so vertraut, dass wir es gar nicht mehr wahrnehmen. Die Häuser und Straßen auf dem morgendlichen Weg zur Arbeit, mal sonnig, mal vernebelt, schneebedeckt oder staubtrocken vor Hitze. Wer achtet schon aufmerksam auf die alltäglichen Veränderungen am Wegesrand. Ein Fotoprojekt der besonderen Art öffnet uns die Augen.

Morgens neun Uhr an der Nordspitze der Insel Sylt. Hell leuchtet der Sand auf einem kleinen Nehrungshaken, umgeben von blaugrünem Wasser, ein Bild voller Ruhe, nichts, an dem sich das Auge fängt. Morgens neun Uhr einen Tag, ein paar Wochen, ein paar Monate später, derselbe Blickwinkel, völlig andere Bilder: Der Sturm peitscht weiße Schaumkronen über den Strand, die Ebbe legt Watten und ein paar Holzpfähle frei, der Frühling lässt frisches Grün im Sand sprießen, Vögel kommen und gehen, der Winter malt Eisblumen.

Morgens neun Uhr, immer derselbe Bildausschnitt, ein Jahr lang. Vom 1. Januar bis zum 31. Dezember 2002 drückten Projektmitarbeiter jeden Tag zur gleichen Zeit einmal auf den Auslöser einer fest installierten Kamera. Und das bei jedem Wetter an mehreren ausgewählten Standorten im Nationalpark Schleswig-Holsteinisches Wattenmeer. Die Motive sind typisch für den Nationalpark: die Lister Nehrung auf Sylt, die Salzwiesen von Westerhever mit dem berühmten Leuchtturm, die Wattlandschaft vor Westerhever, eine Salzpfanne auf der Hamburger Hallig.

WANDEL IM WATT

Die Bildserien machen im Zeitraffer das Wechselspiel der Natur sichtbar, kein Bild gleicht dem anderen. Lichtstimmung, Wolkenspiel und Gezeitenwechsel erzeugen dramatisch wechselnde Szenen. Das abstrakte „Walten der Naturkräfte" wird plötzlich bildhaft, das Zeitmaß der Veränderlichkeit in der Natur sichtbar. Erst die Aneinanderreihung vieler Momentaufnahmen ergibt ein Bild von dem viel zitierten Wandel im Wattenmeer. Erst in der Abfolge der Schnappschüsse sehen wir Veränderungen, die andernfalls ganz allmählich schleichend und oft unbemerkt an uns vorüberziehen.

Die Bilder vom Wandel im Watt geben daher nicht einfach eine Landschaft wieder, sondern offenbaren uns den wertvollsten Schatz in unserem Weltnaturerbe: das ständige Wechselspiel der Naturkräfte, das immer wieder Neues, Wildes und Schönes schafft.

Es gibt keine richtige Art die Natur zu sehen. Es gibt hundert.
Kurt Tucholsky

Kunst gibt nicht das Sichtbare wieder, sondern macht sichtbar.
Paul Klee

UNSICHTBARES SICHTBAR MACHEN

Wer seine Sehgewohnheiten aufbrechen will, legt sich einen eigenen Bildausschnitt an. Eine kleine Miniaturwildnis gibt es fast vor jeder Haustür, ein kleines wucherndes Eckchen (Un-)kraut im Garten, ein Gebüsch am Wegesrand, ein Stück ungemähte Wiese im Park. Wer einem unscheinbaren Fleck Alltagsgrün einen Bildausschnitt schenkt und regelmäßig einen Schnappschuss macht, wird mit einer ganz neuen Sicht der Dinge belohnt.

WANDERNDE MOTIVE

Manchmal erfassen die Naturgewalten auch den eigentlich unbeeinflussten Beobachter, also die Kamera. Da kann es schon mal vorkommen, dass auch ein Fotostativ im Rhythmus von Ebbe und Flut mitschwingt oder eine leicht gelockerte Kamerakupplung sich im Wind dreht. In einer Landschaft, in der ständiger Wandel das einzig Konstante ist, rüttelt die Natur eben auch an einem allzu statischen Bildausschnitt. Wer also auf den Fotos der folgenden Seiten kleine Verschiebungen von Horizont oder Ausschnitt bemerkt, der freue sich über die Kräfte der Natur, die dort verschmitzt hervorlugen. Den wirklich unbeeinflussten Beobachter eines Systems, den findet man in den theoretischen Herleitungen eines Physiklehrbuchs.

Standort Lister Nehrung auf Sylt

Standort Salzpfanne auf der Hamburger Hallig

Standort neu entstehende Salzwiese
am Westerhever Leuchtturm

Standort Westerhever Leuchtturm mit Salzwiese